历山舜王坪
常见草本植物
识别手册

史荣耀　主编

中国林业出版社
China Forestry Publishing House

图书在版编目(CIP)数据

历山舜王坪常见草本植物识别手册 / 史荣耀主编. -- 北京：
中国林业出版社, 2023.7
ISBN 978-7-5219-2277-6

Ⅰ. ①历… Ⅱ. ①史… Ⅲ. ①秦岭－草本植物－识别－手册
Ⅳ. ①Q948.522.5-62

中国国家版本馆CIP数据核字(2023)第140460号

责任编辑：于界芬　于晓文
———————————————————

出版发行：中国林业出版社
　　　　　（100009，北京市西城区刘海胡同7号，电话010-83143542）
电子邮箱：cfphzbs@163.com
网址：www.forestry.gov.cn/lycb.html
印刷：北京博海升彩色印刷有限公司
版次：2023年7月第1版
印次：2023年7月第1次印刷
开本：880mm×1230mm　1 / 32
印张：5.125
字数：327千字
定价：86.00元

历山舜王坪常见草本植物识别手册

编委会

主　　编　　史荣耀

副 主 编　　陈　瑞　　郎彩琴　　李鼎暄

　　　　　　白怀智

参编人员（按姓氏笔画排序）

王建芳　　史荣耀　　白怀智

任保青　　芮江云　　李树民

李树青　　李琪琪　　李鼎暄

宋永丽　　张　峰　　张佳欣

陈　瑞　　周哲峰　　郑　峰

郎彩琴　　赵　伟　　秦　浩

蔡家生　　谭　迪　　薛红忠

前　言

　　历山国家级自然保护区是秦岭以北、黄河流域生物多样性最富集的区域之一，历山主峰舜王坪海拔2358米，其地理位置独特，自然条件得天独厚。特殊的地理环境和气候因子孕育了丰富的野生植物资源，素有"山西省植物资源宝库"的美誉，是野生植物的"天然基因库"。百顷亚高山草甸被评为"山西省特色花海基地""山西最美草原"，具有重要的保护和科研价值。

　　数十年来，历山国家级自然保护区的科研工作者对历山舜王坪的草本植物进行了广泛深入的调查，较为系统、准确地记述了历山舜王坪的草本植物资源。随着生物多样性保护和生态文明建设的深入发展，野外赏花成为社会大众的一种休闲生活方式。因此，《历山舜王坪常见草本植物识别手册》一书通俗易懂，图文并茂，集知识性、科普性和实用性于一体，比较全面系统地介绍历山舜王坪草本植物，可以满足多方需求。

本书共收录草本植物 37 科 111 属 151 种。书中对野生植物介绍以图片为主，辅以识别要点。本书可作为一本工具书，旨在帮助读者在野外快速识别植物。

前期野外调查得到山西沃成生态环境研究所、山西大学、太原植物园等单位专家和技术人员的大力支持和帮助，在此表示衷心的感谢。

由于编者的业务水平和能力有限，疏漏之处在所难免，恳请读者批评指正。

编 者

2023 年 6 月

目 录

墙草 *Parietaria micrantha*

荨麻科 Urticaceae　　墙草属 *Parietaria*

一年生草本，高 5～30 厘米，全株无螯毛。茎肉质细弱，近直立或平卧，多分枝，稀不分枝，散生短柔毛或无毛。叶膜质，卵形或卵状心形，先端锐尖或钝尖，基部圆形或浅心形，稀宽楔形或骤狭，上面疏生短糙伏毛，下面疏生柔毛，钟乳体点状，在上面明显，基出脉 3 条。花杂性，聚伞花序数朵，具短梗或近簇生状。果实坚果状，卵形，黑色，极光滑，有光泽，具宿存的花被和苞片。花期 6～7 月，果期 8～10 月。

萹蓄 *Polygonum aviculare*

一年生草本，常有白粉。茎丛生，匍匐或斜升，绿色，有沟纹。叶互生，叶片线形至披针形，顶端钝或急尖，基部楔形，近无柄；托叶鞘膜质，下部褐色，上部白色透明，有明显脉纹。花单生或数朵簇生于叶腋，遍布于植株。瘦果卵形，表面有棱，褐色或黑色，有不明显的小点。花期5～7月，果期7～10月。

拳蓼

Polygonum bistorta

蓼科 Polygonaceae   蓼属 *Polygonum*

多年生草本。根状茎肥厚，弯曲，黑褐色。茎直立，不分枝，无毛，通常 2～3 条自根状茎发出。基生叶宽披针形或狭卵形，纸质，顶端渐尖或急尖，基部截形或近心形，沿叶柄下延成翅，两面无毛或下面被短柔毛。总状花序呈穗状，顶生，苞片卵形每个苞片内含 3～4 朵花，花被 5 深裂，白色或淡红色，花被片椭圆形。瘦果椭圆形，两端尖，褐色，有光泽。花期 6～7 月，果期 8～9 月。

尼泊尔蓼 *Polygonum nepalense*

蓼科 Polygonaceae　　蓼属 *Polygonum*

　　一年生草本。茎外倾或斜上，自基部多分枝，无毛或在节部疏生腺毛。茎下部叶卵形或三角状卵形，顶端急尖，基部宽楔形，沿叶柄下延成翅，两面无毛或疏被刺毛，疏生黄色透明腺点，茎上部较小；叶柄长 1~3 厘米，或近无柄，抱茎；托叶鞘筒状，膜质，淡褐色，顶端斜截形，无缘毛，基部具刺毛。花序头状，淡红或白色，长圆形。瘦果宽卵形，扁平，黑色。花期 5~8 月，果期 7~10 月。

何首乌 *Pleuropterus multiflorus*

🌿 蓼科 Polygonaceae   🌱 何首乌属 *Pleuropterus*

    块根肥厚，长椭圆形，黑褐色。茎缠绕，多分枝，无毛，微粗糙，下部木质化。花序圆锥状，顶生或腋生；苞片三角状卵形；花梗细弱，下部具关节；花被5深裂，白色或淡绿色，花被片椭圆形。瘦果卵形，具3棱，黑褐色，有光泽，包于宿存花被内。花期8~9月，果期9~10月。

珠芽蓼 *Bistorta vivipara*

蓼科 Polygonaceae 拳参属 *Bistorta*

多年生草本。根状茎粗壮，弯曲，黑褐色。茎直立，高15~60厘米，不分枝，通常2~4条自根状茎发出。基生叶长圆形或卵状披针形，顶端尖或渐尖，基部圆形、近心形或楔形，两面无毛，边缘脉端增厚，外卷，具长叶柄；茎生叶较小披针形，近无柄；托叶鞘筒状，膜质，开裂，无缘毛。总状花序呈穗状，顶生，紧密；苞片卵形，膜质，每个苞内具1~2花；花梗细弱；花被5深裂，白色或淡红色。瘦果卵形，具3棱，深褐色，有光泽，包于宿存花被内。花期5~7月，果期7~9月。

华北大黄 *Rheum franzenbachii*

🌿 蓼科 Polygonaceae　🌿 大黄属 *Rheum*

　　直立草本，高50～90厘米。直根粗壮，内部土黄色。茎具细沟纹，常粗糙。基生叶较大，叶片心状卵形至宽卵形，基出脉，叶上面灰绿色，通常光滑，下面暗紫红色，被稀疏短毛；基生叶较小，叶片三角状卵形；越向上叶柄越短，到近无柄；托叶鞘抱茎，棕褐色，外面被短硬毛。大型圆锥花序，具2次以上分枝，序轴及分枝被短毛；花黄白色，3～6朵簇生；花梗细，宽椭圆形，极宽椭圆形至近圆形。果实宽椭圆形至矩圆状椭圆形，两端微凹，有时近心形。花期6～7月，果期7～8月。

酸模 *Rumex acetosa*

蓼科 Polygonaceae   酸模属 *Rumex*

多年生草本，高40～100厘米。根为须根。茎直立，具深沟槽，通常不分枝。单叶互生，叶片呈卵状长圆形，先端钝或尖，基部呈箭形或近戟形，有时略呈波状；茎上部叶较小，具短叶柄或无柄；托叶鞘膜质，易破裂。花序狭圆锥状，顶生，分枝稀疏；花单性，雌雄异株。花期5～7月，果期6～8月。

簇生卷耳 *Cerastium caespitosum*

石竹科 Caryophyllaceae   卷耳属 *Cerastium*

多年生，有时为二年生或一年生草本，高 10～30 厘米。茎单生或丛生，有短柔毛。茎基部叶近匙形或狭倒卵形，基部渐狭，中上部的近无柄，狭卵形至披针形，两面均有贴生短柔毛，睫毛密而明显。聚伞花序顶生，苞片草质，花梗细，密被长腺毛；花瓣 5，白色，倒卵状长圆形，等长或微短于萼片，顶端 2 浅裂，基部渐狭，无毛。蒴果圆柱形，种子褐色，具瘤状突起。花期 5～6月，果期 6～7 月。

瞿麦 *Dianthus superbus*

石竹科 Caryophyllaceae　　石竹属 *Dianthus*

多年生草本，高 50~60 厘米。茎丛生，直立，绿色，无毛，上部分枝。叶片线状披针形，顶端锐尖，中脉特显，基部合生成鞘状，绿色，有时带粉绿色。枝端具花及果实，花萼筒状，苞片宽卵形，花瓣棕紫色卷曲，先端深裂成丝状。蒴果长筒形，与宿萼等长。花期 6~9 月，果期 8~10 月。

石竹 *Dianthus chinensis*

🌿 石竹科 Caryophyllaceae   🌱 石竹属 *Dianthus*

多年生草本，高30~50厘米，全株无毛，带粉绿色。茎由根颈生出，疏丛生，直立，上部分枝。叶片线状披针形，顶端渐尖，基部稍狭，全缘或有细小齿，中脉较显。花单生枝端或数花集成聚伞花序；花萼圆筒形，有纵条纹，萼齿披针形，顶端尖，有缘毛；花瓣倒卵状三角形，紫红色、粉红色、鲜红色或白色，顶缘不整齐齿裂，喉部有斑纹，疏生髯毛。蒴果圆筒形，包于宿存萼内，顶端4裂。种子黑色，扁圆形。花期5~6月，果期7~9月。

内弯繁缕 *Stellaria infracta*

🌿 石竹科 Caryophyllaceae　　🌱 繁缕属 *Stellaria*

　　多年生草本，高15～20厘米，全株被灰白色星状毛。茎铺散，俯仰或上升，下部茎节生不定根，分枝，被星状毛。叶片披针形或线状披针形，全缘，灰绿色。花单生叶腋或聚伞花序顶生，枝顶端或叶腋有数朵或1朵小花，淡棕色，花梗纤细，萼片5，花瓣5。蒴果卵圆形，内含数粒圆形小种子，黑褐色，表面有疣状小突点。花期6～7月，果期8～9月。

草原石头花 *Gypsophila davurica*

🌿 石竹科 Caryophyllaceae　　🌼 石头花属 Gypsophila

　　多年生草本，高 30～70 厘米，全株无毛。根粗壮，淡褐色至灰褐色。茎数个丛生，上部分枝。叶片线状披针形。聚伞圆锥花序顶生或腋生，花萼管状钟形，先端 5 齿裂，裂片卵状三角形，先端锐尖，边缘膜质；花瓣 5，白色或粉红色，倒卵状披针形，先端微凹。蒴果卵球形，4 瓣裂。种子圆肾形，黑褐色，两侧压扁，具密条状微凸起，背部具短尖的小疣状突起。花期 6～9月，果期 7～10 月。

毛茛 *Ranunculus japonicus*

毛茛科 Ranunculaceae　　毛茛属 *Ranunculus*

　　多年生草本，须根多数簇生。茎直立，高30~70厘米，中空，有槽，具分枝，生开展或贴伏的柔毛。基生叶多数，叶片圆心形，两面贴生柔毛，下面或幼时的毛较密；下部叶与基生叶相似，渐向上叶柄变短，叶片较小，3深裂，裂片披针形；最上部叶线形，全缘，无柄。聚伞花序有多数花，贴生柔毛，萼片椭圆形，生白柔毛；花瓣5，倒卵状圆形；花托短小，无毛。聚合果近球形，无毛。花果期4~9月。

历山舜王坪常见草本植物识别手册·毛茛科

牛扁 *Aconitum barbatum*

🌱 毛茛科 Ranunculaceae　　🌿 乌头属 *Aconitum*

　　多年生草本，高 55～90 厘米。根近直立，圆柱形，生 2～4 枚叶，叶片肾形或圆肾形，3 全裂，末回小裂片三角形或狭披针形。顶生总状花序，具密集的花；下部苞片狭线形，中部的披针状钻形，上部的三角形，小苞片狭三角形；萼片黄色，上萼片圆筒形。种子倒卵球形，褐色，密生横狭翅。花期 8～9 月，果期 9～10 月。

北乌头 *Aconitum kusnezoffii*

多年生草本，高 60～110 厘米。块根圆锥形或胡萝卜形，等距离生叶，通常分枝。叶片纸质或近革质，五角形，顶生总状花序具 9～22 朵花；萼片紫蓝色，上萼片盔形或高盔形。种子扁椭圆球形，沿棱具狭翅，只在一面生横膜翅。花期 7～9 月。

高乌头 *Aconitum sinomontanum*

毛茛科 Ranunculaceae　　乌头属 *Aconitum*

　　多年生草本。茎高 80～150 厘米，茎生 4～6 枚叶，叶片肾形或圆肾形，三裂边缘有不整齐的三角形锐齿。总状花序具密集的花；苞片叶状，萼片蓝紫色或淡紫色，花瓣唇舌形。种子倒卵形，具 3 条棱，密生横狭翅。花期 6～9 月，果期 9 月。

小花草玉梅 *Anemone rivularis*

毛茛科 Ranunculaceae　　银莲花属 *Anemone*

　　多年生草本，高 40~90 厘米。直根粗壮，圆锥形，棕褐色。茎直立，粗壮。基生叶有长柄，叶片 3 全裂再 3 裂，小裂片边缘有锐锯齿。花较小，两性，白色，排列为聚伞花序；每一花梗上有苞片 2 个，披针状线形。瘦果有长尾。花果期 5~8 月。

华北楼斗菜 *Aquilegia yabeana*

毛茛科 Ranunculaceae　　楼斗菜属 *Aquilegia*

多年生草本，高可达 60 厘米。根圆柱形，上部分枝。基生叶数个，为一或二回三出复叶；小叶菱状倒卵形或宽菱形，3 裂。花序有少数花，苞片狭长圆形，花下垂；萼片紫色，狭卵形，花瓣紫色，顶端圆截形。种子黑色，狭卵球形。花期 5~6 月。

秦岭翠雀花 *Delphinium giraldii*

多年生草本。茎直立，高可达 150 厘米，上部分枝；茎下部叶柄稍长。叶片五角形，茎上部叶渐变小。总状花序数个组成圆锥花序；萼片蓝紫色，卵形或椭圆形；花瓣蓝色，无毛或有疏缘毛。种子倒卵球形，密生波状横翅。花期 7~8 月。

翠雀 *Delphinium grandiflorum*

🌿 毛茛科 Ranunculaceae　　🌿 翠雀属 *Delphinium*

多年生草本。茎高可达 60 厘米，茎与叶柄均被反曲而贴伏的短柔毛，等距地生叶，分枝。基生叶和茎下部叶有长柄；叶片圆五角形，萼片紫蓝色，椭圆形或宽椭圆形。花瓣蓝色，无毛，顶端圆形。种子倒卵状四面体形，沿棱有翅。花期 5～10 月。

瓣蕊唐松草 *Thalictrum petaloideum*

毛茛科 Ranunculaceae　　唐松草属 *Thalictrum*

　　多年生草本，植株全部无毛，上部分枝。茎高20～80厘米。基生叶数个，为三至四回三出或羽状复叶；小叶草质，形状变异很大，宽倒卵形，菱形或近圆形。花序伞房状，有少数或多数花；萼片4，白色，卵形；雄蕊多数，花药狭长圆形，花丝上部倒披针形，比花药宽。瘦果卵形，有8条纵肋。花期6～7月。

展枝唐松草 *Thalictrum squsrrosum*

毛茛科 Ranunculaceae　　唐松草属 *Thalictrum*

多年生草本，植株全部无毛。茎高 30～80 厘米。根状茎细长，自节生出长须根。基生叶在开花时枯萎，茎下部及中部叶有短柄；小叶坚纸质或薄革质；顶生小叶楔状倒卵形、宽倒卵形、长圆形或圆卵形；背面有白粉。花序圆锥状；萼片 4，淡黄绿色，花药长圆形。瘦果狭倒卵球形或近纺锤形。花期 7～8 月。

金莲花 *Trollius chinensis*

　　多年生草本，植株全体无毛，不分枝，有长柄。茎高30~70厘米。叶片五角形，基部心形，3全裂，全裂片分开，中央全裂片菱形，顶端急尖；叶柄长12~30厘米，基部具狭鞘。茎生叶似基生叶，下部的具长柄，上部的较小，具短柄或无柄。花单独顶生或2~3朵组成稀疏的聚伞花序，苞片3裂，萼片金黄色，干时不变绿色，最外层的椭圆状卵形或倒卵形，顶端疏生三角形牙齿。花期6~7月，果期8~9月。

川甘美花草 *Callianthemum farreri*

🌿 毛茛科 Ranunculaceae　🌺 美花草属 *Callianthemum*

　　多年生草本，植株全体无毛。茎单生，开花时高4～5厘米，结果时高达8厘米，上部向下弯曲，不分枝或在近基部处分枝。叶数个，基生或近基生，二至三回羽状复叶，叶片卵形，羽片2～3对，扇形，不等掌状分裂，顶端近截形。花单生茎或分枝顶端，倒卵形或菱状椭圆形，干时淡绿色或白色；花瓣8～9，有紫色条纹，狭倒卵形或倒披针形，顶端圆形。花期5月。

白头翁 *Pulsatilla chinensis*

毛茛科 Ranunculaceae　　白头翁属 *Pulsatilla*

　　多年生草本，高 15～35 厘米。基生叶 4～5，有长柄；叶片宽卵形，3 全裂，全缘或有齿，表面变无毛，背面有长柔毛。花葶有柔毛；苞片 3，3 深裂，深裂片线形；花直立，萼片蓝紫色，长圆状卵形，背面有密柔毛。聚合果，瘦果纺锤形，有长柔毛。花期 4～5 月，果期 6 月。

野罂粟 *Papaver nudicaule*

罂粟科 Papaveraceae　　罂粟属 *Papaver*

　　多年生草本，高 20～60 厘米。茎极缩短。叶全部基生，叶片轮廓卵形至披针形，羽状浅裂、深裂或全裂，两面稍具白粉，密被或疏被刚毛，极稀近无毛。花葶 1 至数枚，圆柱形，直立，密被或疏被斜展的刚毛。花单生于花葶先端，花蕾宽卵形至近球形，密被褐色刚毛；花瓣 4，宽楔形或倒卵形，边缘具浅波状圆齿，基部具短爪，淡黄色、黄色或橙黄色，稀红色。种子多数，近肾形，褐色。花果期 5～9 月。

紫花碎米荠 *Cardamine tangutorum*

　　多年生草本，高 20～50 厘米。茎单一，不分枝。基部倾斜，上部直立。基生叶有长叶柄；小叶长椭圆形；外轮萼片长圆形，内轮萼片长椭圆形，基部囊状，边缘白色膜质，外面带紫红色。花瓣紫红色或淡紫色，倒卵状楔形；花丝扁而扩大、花药狭卵形。长角果线形，扁平；果梗直立。种子长椭圆，褐色。花期 5～7 月，果期 6～8 月。

白花碎米荠 *Cardamine leucantha*

十字花科 Cruciferae　　碎米荠属 *Cardamine*

　　多年生草本，高 15～50 厘米。根状茎短而匍匐，着生多数粗线状、长短不一的匍匐茎，其上生有须根。茎单一，不分枝，表面有沟棱、密被短绵毛或柔毛。萼片长椭圆形、边缘膜质，外面有毛；花瓣白色，长圆状楔形。长角果线形，果瓣散生柔毛，毛易脱落；果梗直立开展。种子长圆形，栗褐色，边缘具窄翅或无。花期 4～7 月，果期 6～8 月。

大花蚓果芥 *Torularia humilis*

十字花科 Cruciferae 念珠芥属 *Torularia*

多年生草本，高 5～30 厘米。茎自基部分枝，有的基部有残存叶柄。基生叶窄卵形，早枯；下部的茎生叶变化较大，叶片宽匙形至窄长卵形，顶端钝圆，基部渐窄，近无柄，全缘。花序呈紧密伞房状，花瓣倒卵形或宽楔形，白色，顶端近截形或微缺，基部渐窄成爪。种子长圆形，橘红色。花期 4～6 月。

山萮菜 *Eutrema yunnanense*

山萮菜 十字花科 Cruciferae　　　山萮菜属 *Eutrema*

　　多年生草本。根茎横卧，具多数须根。生叶具柄，叶片向上渐小，长卵形或卵状三角形，顶端渐尖，基部浅心形，边缘有波状齿或锯齿。果瓣中脉明显；果梗纤细，向下反折，角果常翘起。种子长圆形，褐色。花期3～4月。

垂果南芥 *Arabis pendula*

　　二年生草本。主根圆锥状，黄白色。茎直立，上部有分枝。萼片椭圆形，背面被有单毛；花瓣白色、匙形。长角果线形，弧曲，下垂。种子每室 1 行，种子椭圆形，褐色，边缘有环状的翅。花期 6～9 月，果期 7～10 月。

异蕊芥 *Dontostemon pinnatifidus*

十字花科 Cruciferae　　花旗杆属 *Dontostemon*

　　二年生直立草本，高 10～35 厘米。茎单一或上部分枝，植株具腺毛及单毛。叶互生，长椭圆形，近无柄，边缘具缺刻，两面均被黄色腺毛及白色长单毛。总状花序顶生，萼片宽椭圆形，具白色膜质边缘，背面无毛或具少数白色长单毛；花瓣白色或淡紫红色，倒卵状楔形，顶端凹缺，基部具短爪。长角果圆柱形，具腺毛；果梗在总轴上近水平状着生。种子椭圆形，褐色而小，顶端具膜质边缘。花果期 6～8 月。

涩荠 *Malcolmia africana*

　　二年生草本，密生单毛或叉状硬毛，高 10～35 厘米。茎直立或近直立，多分枝，有棱角。叶长圆形、倒披针形或近椭圆形。总状花序，萼片长圆形，花瓣紫色或粉红色。种子长圆形，浅棕色。花果期 6～8 月。

双果荠 *Megadenia pygmaea*

十字花科 Cruciferae　　双果荠属 *Megadenia*

一年生草本，无毛，高5～15厘米。叶心状圆形，顶端圆钝，基部心形，全缘，有3～7棱角，具羽状脉。萼片宽卵形，边缘白色；花瓣白色，匙状倒卵形，基部具爪。短角果横卵形，中间2深裂，宿存花柱生凹裂中，室壁坚硬，具网脉。种子球形，坚硬，褐色。花期6月，果期7月。

华北八宝

Hylotelephium tatarinowii

景天科 Crassulaceae　　八宝属 *Hylotelephium*

　　多年生草本，高10~15厘米。茎直立，或倾斜，生叶多。叶互生，狭倒披针形至倒披针形。萼片卵状披针形，先端稍急尖；花瓣浅红色，卵状披针形，先端浅尖。花期7~8月，果期9月。

轮叶八宝 *Hylotelephium verticillatum*

🌼 景天科 Crassulaceae　　🌿 八宝属 *Hylotelephium*

多年生草本，高 30～50 厘米。茎直立，不分枝。下部叶常为 3 叶轮生或对生，长圆状披针形至卵状披针形，边缘有整齐的疏锯齿。花密生，顶半圆球形，花瓣淡绿色至黄白色。花期 7～8 月，果期 9 月。

瓦松 *Orostachys fimbriata*

景天科 Crassulaceae　　瓦松属 *Orostachys*

　　二年生草本。茎呈细长圆柱形，长5～27厘米。一年生莲座丛的叶短，莲座叶线形，先端增大，为白色软骨质，半圆形，有齿。叶互生，疏生，有刺，线形至披针形。花序总状，紧密，或下部分枝，呈金字塔形。苞片线状渐尖；花瓣5，红色，披针状椭圆形。种子多数，卵形，细小。花期8～9月，果期9～10月。

狭叶红景天 *Rhodiola kirilowii*

景天科 Crassulaceae　　红景天属 *Rhodiola*

　　多年生草本。根粗，直立。根颈先端被三角形鳞片。叶互生，线形至线状披针形，无柄。花茎少数，高可达90厘米。花序伞房状，多花，雌雄异株；萼片三角形，花瓣绿黄色，倒披针形，花丝花药黄色。种子长圆状披针形。花期6~7月，果期7~8月。

费菜 *Sedum aizoon*

景天科 Crassulaceae　　景天属 *Sedum*

　　多年生草本。根状茎短，直立，无毛，不分枝。叶互生，狭披针形、椭圆状披针形至卵状倒披针形，先端渐尖，基部楔形，边缘有不整齐的锯齿；叶坚实，近革质。聚伞花序有多花，水平分枝，平展，下托以苞叶；萼片线形，肉质，先端钝；花瓣5，黄色，长圆形至椭圆状披针形，有短尖。蓇葖果芒状排列。种子椭圆形。花期6～7月，果期8～9月。

细叶景天 *Sedum elatinoides*

景天科 Crassulaceae　　景天属 *Sedum*

　　一年生草本，无毛，有须根。花序圆锥状或伞房状，分枝长，下部叶腋也生有花序；花稀疏；萼片狭三角形至卵状披针形；花瓣5，白色，披针状卵形，急尖；鳞片5，宽匙形，先端有缺刻；心皮5，近直立，椭圆形，下部合生，有微乳头状突起。蓇葖成熟时上半部斜展。种子卵形。花期5~7月，果期8~9月。

藓状景天 *Sedum polytrichoides*

多年生草本。茎稍木质，细弱，丛生，斜上。花序聚伞状，花瓣5，黄色，狭披针形，先端渐尖。种子长圆形。花期7~8月，果期8~9月。

繁缕景天 *Sedum stellariifolium*

景天科 Crassulaceae　　景天属 *Sedum*

一年生或二年生草本，植株被腺毛。茎直立，褐色。叶互生，正三角形或三角状宽卵形。总状聚伞花序；花顶生，萼片5，披针形至长圆形；花瓣5，黄色，披针状长圆形，先端渐尖。种子长圆状卵形，褐色。花期7~8月，果期8~9月。

梅花草 *Parnassia palustris*

景天科 Crassulaceae　　梅花草属 *Parnassia*

多年生草本，高 30～50 厘米。根状茎短粗。花单生于茎顶；萼片椭圆形或长圆形，密被紫褐色小斑点；花瓣白色，宽卵形或倒卵形。种子长圆形，褐色有光泽。花期 7～9 月，果期 10 月。

爪虎耳草 *Saxifraga unguiculata*

🌿 虎耳草科 Saxifragaceae　　🌸 虎耳草属 *Saxifraga*

　　一年生草本，高 20~40 厘米。基生叶多数丛生，匙状倒披针形，全缘，边缘有短睫毛；茎生叶无柄，长椭圆形或倒卵状披针形，全缘，边缘密生短腺毛。花瓣 5，黄色，椭圆形或狭卵形。花期 7~8 月，果期 9 月。

路边青 *Geum aleppicum*

蔷薇科 Rosaceae　　路边青属 *Geum*

　　多年生草本。茎直立，高 30~100 厘米，被开展粗硬毛稀几无毛。基生叶为大头羽状复叶；茎生叶托叶大，绿色，叶状，卵形。花序顶生，疏散排列，花梗被短柔毛或微硬毛，花瓣黄色，圆形。聚合果倒卵球形，瘦果被长硬毛。花果期 7~10 月。

蛇莓 *Duchesnea indica*

🌿 蔷薇科 Rosaceae　🌱 蛇莓属 *Duchesnea*

　　多年生草本。根茎短，粗壮。小叶片倒卵形至菱状长圆形；花托在果期膨大，海绵质，鲜红色，有光泽，外面有长柔毛。瘦果卵形，光滑或具不明显突起，鲜时有光泽。花期 6～8 月，果期 8～10 月。

东方草莓 *Fragaria orientalis*

🌿 蔷薇科 Rosaceae　　🌱 草莓属 *Fragaria*

　　多年生草本。三出复叶，小叶几无柄，倒卵形或菱状卵形，叶柄被开展柔毛有时上部较密。花序聚伞状，花两性，稀单性；花瓣白色，近圆形，基部具短爪。聚合果半圆形，成熟后紫红色。花期5~7月，果期7~9月。

翻白草 *Potentilla discolor*

蔷薇科 Rosaceae　　委陵菜属 *Potentilla*

　　多年生草本。根粗壮，花茎直立。小叶对生或互生，无柄，小叶片长圆形或长圆披针形，上面暗绿色，下面密被白色或灰白色绵毛，脉不显或微显；基生叶托叶膜质，褐色。花瓣黄色，倒卵形。瘦果近肾形。花果期 5～9 月。

莓叶委陵菜 *Potentilla ancistrifolia*

蔷薇科 Rosaceae　　委陵菜属 *Potentilla*

　　多年生草本。花茎多数，丛生，上升或铺散，上部有时混生有腺毛。基生叶为羽状复叶，托叶膜质，褐色，外被长柔毛；茎生叶托叶草质，绿色，卵状披针形或披针形。花瓣黄色，倒卵长圆形，顶端圆形。瘦果近肾形，表面有脉纹。花期 4~6 月，果期 6~8 月。

菊叶委陵菜 *Potentilla tanacetifolia*

蔷薇科 Rosaceae   委陵菜属 *Potentilla*

　　多年生草本。根粗壮，圆柱形。花茎直立或上升，高 15～65 厘米，被长柔毛。小叶互生或对生，最上面 1～3 对小叶，基部下延与叶轴汇合，小叶片长圆形、长圆披针形或长圆倒卵披针形。花瓣黄色，倒卵形。瘦果卵球形，具脉纹。花期 6～8 月，果期 9～10 月。

朝天委陵菜 *Potentilla supina*

🌿 蔷薇科 Rosaceae　　🌱 委陵菜属 *Potentilla*

一年生或二年生草本。主根细长，并有稀疏侧根。茎平展，上升或直立，叉状分枝，长20～50厘米，被疏柔毛或脱落几无毛。基生叶羽状复叶，有小叶2～5对，小叶互生或对生，无柄，小叶片长圆形或倒卵状长圆形，边缘有圆钝或缺刻状锯齿，两面绿色，被稀疏柔毛或脱落几无毛。花茎上多叶，下部花自叶腋生，顶端呈伞房状聚伞花序，萼片三角卵形，顶端急尖，花柱近顶生，基部乳头状膨大，花柱扩大。瘦果长圆形，先端尖，表面具脉纹，腹部鼓胀若翅或有时不明显。花果期3～10月。

委陵菜 *Potentilla chinensis*

蔷薇科 Rosaceae　　委陵菜属 *Potentilla*

　　多年生草本。根粗壮，圆柱形，稍木质化。花茎直立或上升，高 20～70 厘米。基生叶为羽状复叶，有小叶 5～15 对，小叶片对生或互生，长圆形、倒卵形或长圆披针形，边缘羽状中裂，裂片三角卵形，中脉下陷，下面被白色茸毛。伞房状聚伞花序，基部有披针形苞片，外面密被短柔毛；萼片三角卵形，花瓣黄色，宽倒卵形，顶端微凹，比萼片稍长，花柱近顶生，柱头扩大。瘦果卵球形，深褐色，有明显皱纹。花果期 4～10 月。

地榆 *Sanguisorba officinalis*

蔷薇科 Rosaceae　　地榆属 *Sanguisorba*

多年生草本。根粗壮，多呈纺锤形，稀圆柱形，表面棕褐色或紫褐色。茎直立，有棱，无毛或基部有稀疏腺毛。小叶片有短柄至几无柄，长圆形至长圆披针形，狭长。穗状花序，萼片4枚，紫红色，椭圆形至宽卵形，背面被疏柔毛。果实包藏在宿存萼筒内，外面有斗棱。花果期7～10月。

蕨麻
Argentina anserina

🌿 蔷薇科 Rosaceae　　🌱 蕨麻属 *Argentina*

　　多年生草本。根向下延长，有时在根的下部长成纺锤形或椭圆形块根。茎匍匐，在节处生根。基生叶为间断羽状复叶，小叶对生或互生，小叶片通常椭圆形、倒卵椭圆形或长椭圆形，边缘有多数尖锐锯齿或呈裂片状，上面绿色，被疏柔毛或脱落几无毛。单花腋生，被疏柔毛，萼片三角卵形，顶端急尖或渐尖，副萼片椭圆形或椭圆披针形，常2～3裂稀不裂；花瓣黄色，倒卵形、顶端圆形，花柱侧生，小枝状，柱头稍扩大。瘦果卵形，具洼点，背部具槽。花果期7～9月。

龙牙草 *Agrimonia pilosa*

蔷薇科 Rosaceae   龙牙草属 *Agrimonia*

　　多年生草本。根多呈块茎状。茎高 30～120 厘米，被疏柔毛及短柔毛，稀下部被稀疏长硬毛。叶互生，暗绿色，椭圆状卵形或倒卵形，有锯齿。穗状总状花序，花瓣为黄色，长圆形。瘦果倒卵状，顶端有钩刺。花果期为 5～12 月。

歪头菜 *Vicia unijuga*

豆科 Leguminosae　　野豌豆属 *Vicia*

　　多年生草本，高 40～100 厘米。通常数茎丛生，茎基部表皮红褐色或紫褐红色。叶轴末端为细刺尖头，偶见卷须，托叶戟形或近披针形，边缘有不规则齿蚀状，小叶一对，卵状披针形或近菱形，先端渐尖，边缘具小齿状，基部楔形，两面均疏被微柔毛。总状花序单一，稀有分支呈圆锥状复总状花序，花冠蓝紫色、紫红色或淡蓝色，旗瓣倒提琴形。荚果扁、长圆形，无毛，表皮棕黄色，果瓣扭曲。花期 6～7 月，果期 8～9 月。

广布野豌豆 *Vicia cracca*

多年生草本，高 40～150 厘米。根细长，多分支。茎攀缘或蔓生，有棱，被柔毛。偶数羽状复叶，叶轴顶端卷须有 2～3 分支。总状花序与叶轴近等长，花多数，花 10～40 密集一面着生于总花序轴上部，花冠紫色、蓝紫色或紫红色。荚果长圆形或长圆菱形。花果期 5～9 月。

蓝花棘豆 *Oxytropis coerulea*

豆科 Leguminosae　棘豆属 *Oxytropis*

多年生草本，高 10～20 厘米。主根粗壮而直伸。茎缩短，基部分枝呈丛生状。羽状复叶长 5～15 厘米，托叶披针形，被绢状毛，于中部与叶柄贴生，彼此分离；叶柄与叶轴疏被贴伏柔毛；小叶长圆状披针形，先端渐尖或急尖，基部圆形，上面无毛，下面疏被贴伏柔毛。总状花序，花葶比叶长 1 倍，稀近等长，无毛或疏被贴伏白色短柔毛，花冠天蓝色或蓝紫色。荚果长圆状卵形膨胀，疏被白色和黑色短柔毛，稀无毛，果梗极短。花期 6～7 月，果期 7～8 月。

鼠掌老鹳草 *Geranium sibiricum*

牻牛儿苗科 Geraniaceae　　老鹳草属 *Geranium*

　　一年生或多年生草本，高 30～70 厘米。茎纤细，仰卧或近直立，多分枝，具棱槽，被倒向疏柔毛。叶对生，托叶披针形，棕褐色，基生叶和茎下部叶具长柄。苞片对生，棕褐色、钻伏、膜质，生于花梗中部或基部；花瓣倒卵形，淡紫色或白色。蒴果被疏柔毛，果梗下垂。种子肾状椭圆形，黑色。花期 6～7 月，果期 8～9 月。

草地老鹳草 *Geranium pratense*

牻牛儿苗科 Geraniaceae　　**老鹳草属 Geranium**

多年生草本，高可达50厘米。根茎粗壮，斜生，具多数纺锤形块根。茎直立，假二叉状分枝。叶基生和茎上对生，叶片肾圆形或上部叶五角状肾圆形，基部宽心形，掌状深裂近茎部，羽状深裂。总花梗腋生或于茎顶集为聚伞花序，苞片狭披针形，萼片卵状椭圆形或椭圆形，花瓣紫红色，宽倒卵形，花丝上部紫红色，具缘毛，花柱分枝紫红色。蒴果被短柔毛和腺毛。花期6~7月，果期7~9月。

远志 *Polygala tenuifolia*

远志科 Polygalaceae　　远志属 *Polygala*

多年生草本，高 15～50 厘米。主根粗壮，韧皮部肉质，浅黄色。茎多数丛生，直立或倾斜，具纵棱槽，被短柔毛。单叶互生，叶片纸质，线形至线状披针形，全缘，反卷，无毛或极疏被微柔毛。总状花序呈扁侧状生于小枝顶端，苞片 3，披针形，花瓣 3，紫色，侧瓣斜长圆形，基部与龙骨瓣合生，花柱弯曲，柱头内藏。蒴果圆形，顶端微凹，具狭翅，无缘毛。种子卵形，黑色，密被白色柔毛。花果期 5～9 月。

大戟 *Euphorbia pekinensis*

大戟科 Euphorbiaceae　　大戟属 *Euphorbia*

　　多年生草本。根圆柱状。叶互生，常为椭圆形，少为披针形或披针状椭圆形，变异较大，主脉明显，侧脉羽状，不明显。花序单生无梗，总苞杯状，淡褐色。蒴果球形，呈疏被瘤状突起。种子呈卵圆形，暗褐色，腹面具浅色条纹。花期5~8月，果期6~9月。

水金凤 *Impatiens noli-tangere*

一年生草本，高40~70厘米。茎较粗壮，肉质，直立，上部多分枝，无毛，下部节常膨大，有多数纤维状根。叶片卵形或卵状椭圆形，上面深绿色，下面灰绿色。总花梗排列成总状花序，苞片草质，近基部散生橙红色斑点，旗瓣圆形或近圆形。蒴果线状圆柱形。种子多数，长圆球形，褐色，光滑。花期7~8月，果期8~9月。

黄海棠 *Hypericum ascyron*

藤黄科 Guttiferae　　金丝桃属 *Hypericum*

多年生草本，高 50～130 厘米。茎直立，单一或数茎丛生，不分枝或上部具分枝。叶无柄，叶片披针形或长圆状卵形至椭圆形，先端渐尖、锐尖或钝形，基部楔形或心形而抱茎，全缘。花序顶生，近伞房状至狭圆锥状，花瓣金黄色，倒披针形。种子棕色或黄褐色，圆柱形，有明显的龙骨状突起或狭翅和细的蜂窝纹。花期 7～8 月，果期 8～9 月。

突脉金丝桃 *Hypericum przewalskii*

藤黄科 Guttiferae　　金丝桃属 *Hypericum*

　　多年生草本，全体无毛，高 30~50 厘米。茎多数，圆柱形，具多数叶，不分枝或有时在上部具腋生小枝。叶无柄，卵形或卵状椭圆形，全缘，坚纸质，上面绿色，下面白绿色。花序顶生，聚伞花序，花蕾长卵珠形，先端锐尖，花瓣 5，长圆形，稍弯曲。蒴果卵珠形，散布有纵线纹，成熟后先端 5 裂。种子淡褐色，圆柱形，两端锐尖，一侧有龙骨状突起，表面有细蜂窝纹。花期 6~7 月，果期 8~9 月。

双花堇菜 *Viola biflora*

🌱 堇菜科 Violaceae　　🌿 堇菜属 *Viola*

多年生草本，高 10～25 厘米。地上茎较细弱。叶片肾形、宽卵形或近圆形，先端钝圆，基部深心形或心形，边缘具钝齿，上面散生短毛，下面无毛。花黄色或淡黄色，在开花末期有时变淡白色。蒴果长圆状卵形，无毛。花果期 5～9 月。

堇菜

Viola verecunda

🌿 堇菜科 Violaceae　　🌱 堇菜属 *Viola*

　　多年生草本。地上茎数条丛生，匍匐枝蔓生。基生叶呈深绿色，三角状心形或卵状心形。花淡紫色或白色，萼片卵状披针形，花瓣狭倒卵形，侧方花瓣具暗紫色条纹，花柱棍棒状。蒴果无毛长圆形或椭圆形。种子卵球形，淡黄色。花果期 5～10月。

狼毒 *Stellera chamaejasme*

瑞香科 Thymelaeaceae　　狼毒属 *Stellera*

多年生草本，高 20～50 厘米。根圆柱状，肉质，常分枝。茎单一不分枝。叶互生，生于茎下部呈鳞片状，呈卵状长圆形，向上渐大，逐渐过渡到正常茎生叶；茎生叶长圆形，先端圆或尖，基部近平截。花白色、黄色至带紫色，芳香，多花的头状花序，顶生，圆球形，具绿色叶状总苞片，无花梗，花萼筒细瘦。蒴果卵球状，被白色长柔毛，花柱宿存。种子扁球状，灰褐色，腹面条纹不清，种阜无柄。花果期 5～7 月。

高山露珠草 *Circaea alpina*

　　多年生草本，高 3~50 厘米。叶不透明，卵形、阔卵形至近三角形。花序无毛，稀疏被腺毛，花芽无毛，花瓣白色或粉红色，倒卵形。果实棒状至倒卵状，基部平滑地渐狭向果梗，1 室，具 1 种子，表面无纵沟。花期 6~9 月，果期 7~9 月。

沼生柳叶菜 *Epilobium palustre*

柳叶菜科 Onagraceae　　柳叶菜属 *Epilobium*

　　多年生直立草本。自茎基部底下或地上生出纤细的越冬匍匐枝,长5～50厘米。叶对生,花序上的互生,近线形至狭披针形。花瓣白色至粉红色或玫瑰紫色,倒心形。种子菱形至狭倒卵状,褐色,种缨灰白色或褐黄色。花期6～8月,果期8～9月。

黑柴胡 *Bupleurum smithii*

多年生草本，高 25～60 厘米。数茎直立或斜升，粗壮，有显著的纵槽纹。叶多，质较厚，基部叶丛生，狭长圆形或长圆状披针形或倒披针形。花瓣黄色，花柱基干燥时紫褐色。果棕色，卵形，棱薄，狭翼状。花期 7～8 月，果期 8～9 月。

北柴胡 *Bupleurum chinense*

伞形科 Apiaceae　　柴胡属 *Bupleurum*

　　多年生草本，高 50～85 厘米。茎单一或数茎，表面有细纵槽纹，实心，上部多回分枝，微作"之"字形曲折。基生叶倒披针形或狭椭圆形，早枯落；茎中部叶倒披针形或广线状披针形，顶端渐尖或急尖，有短芒尖头，基部收缩成叶鞘抱茎，叶表面鲜绿色，背面淡绿色，常有白霜。复伞形花序，花序梗细，常水平伸出，形成疏松的圆锥状；花瓣鲜黄色，上部向内折，中肋隆起，花柱基深黄色。果椭圆形，棕色，棱狭翼状，淡棕色。花期 9 月，果期 10 月。

岩茴香 *Ligusticum tachiroei*

多年生草本，高 15～30 厘米。根颈粗短，根常分叉。基生叶具长柄，基部略扩大成鞘，叶片卵形，三回羽状全裂。复伞形花序少数，线状披针形，花瓣白色，长卵形至卵形，先端具内折小舌片，花柱基圆锥形。分生果卵状长圆形。花期 7～8 月，果期 8～9 月。

大齿山芹 *Ostericum grosseserratum*

伞形科 Apiaceae　　山芹属 *Ostericum*

　　多年生草本，高50～100厘米。根细长，圆锥状或纺锤形，单一或稍有分枝。茎直立，圆管状，叉状分枝。叶片轮廓为广三角形，花白色，花瓣倒卵形。分生果宽椭圆形，基部凹入，背棱突出，尖锐，侧棱为薄翅状。花期7～9月，果期8～10月。

华北前胡 *Peucedanum harry-smithii*

多年生草本。根颈粗短，木质化，皮层灰棕色或暗褐色，根圆锥形，常有数个分枝。叶片广三角状卵形。花瓣倒卵形，白色。果实卵状椭圆形。花期 8~9 月，果期 9~10 月。

峨参 *Anthriscus sylvestris*

⚘ 伞形科 Apiaceae　　🌿 峨参属 *Anthriscus*

　　二年生或多年生草本，高 60～150 厘米。茎较粗壮，多分枝，近无毛。基生叶有长柄，叶片轮廓呈卵形，二回羽状分裂，羽状全裂或深裂，背面疏生柔毛。复伞形花序，小总苞片卵形至披针形，顶端尖锐，边缘有睫毛或近无毛。花白色，通常带绿或黄色，花柱较花柱基长 2 倍。果实长卵形至线状长圆形，光滑或疏生小瘤点。花果期 4～5 月。

秦艽 *Gentiana macrophylla*

龙胆科 Gentianaceae　　龙胆属 *Gentiana*

多年生草本。须根多条，扭结或黏结成一个圆柱形的根。枝少数丛生，直立或斜升，黄绿色或有时上部带紫红色，近圆形。种子红褐色，有光泽，矩圆形。花果期 7~10 月。

扁蕾 *Gentianopsis barbata*

龙胆科 Gentianaceae　　扁蕾属 *Gentianopsis*

　　一年生或二年生草本，高 10～40 厘米。茎单生，直立，近圆柱形，下部单一，上部有分枝，条棱明显，有时带紫色。花冠筒状漏斗形，筒部黄白色，檐部蓝色或淡蓝色。蒴果具短柄，与花冠等长。种子褐色，矩圆形，表面有密的指状突起。花果期 7～9 月。

北方獐牙菜 *Swertia diluta*

龙胆科 Gentianaceae　獐牙菜属 *Swertia*

　　一年生草本，高 20~70 厘米。茎直立，四棱形，棱上具窄翅，斜升。叶无柄，线状披针形至线形，两端渐狭，下面中脉明显突起。圆锥状复聚伞花序，具多数花，花梗直立，四棱形，花萼绿色，裂片线形，先端锐尖，背面中脉明显；花冠浅蓝色，裂片椭圆状披针形，先端急尖。蒴果卵形，种子深褐色，矩圆形，表面具小瘤状突起。花果期 8~10 月。

附地菜 *Trigonotis peduncularis*

紫草科 Boraginaceae　　附地菜属 *Trigonotis*

　　一年生或二年生草本，高5～30厘米。茎通常多条丛生，基部多分枝，被短糙伏毛。基生叶呈莲座状，有叶柄，叶片匙形，先端圆钝，基部楔形或渐狭，两面被糙伏毛，茎上部叶长圆形或椭圆形，无叶柄或具短柄。花序生茎顶，幼时卷曲，后渐次伸长。花梗短，花冠淡蓝色或粉色，筒部甚短，裂片平展，倒卵形，先端圆钝。小坚果4，斜三棱锥状四面体形，有短毛或平滑无毛，背面三角状卵形，具3锐棱。花果期4～7月。

筋骨草 *Ajuga ciliata*

唇形科 Lamiaceae　　筋骨草属 *Ajuga*

多年生草本，高 25～40 厘米。茎四棱形，紫红色或绿紫色。叶对生，多皱缩，完整叶片展平后呈匙形或倒卵状披针形。花冠紫色，具蓝色条纹。小坚果长圆状或卵状三棱形，背部具网状皱纹，腹部中间隆起，果脐大，几占整个腹面。花期 4～8 月，果期 7～9 月。

白苞筋骨草 *Ajuga lupulina*

🌿 唇形科 Lamiaceae　　🌿 筋骨草属 *Ajuga*

　　多年生草本，高 18～25 厘米。具地下走茎，茎粗壮，直立，四棱形，具槽，沿棱及节上被白色具节长柔毛。叶柄具狭翅，基部抱茎，边缘具缘毛；叶片纸质，披针状长圆形，先端钝或稍圆，基部楔形。穗状聚伞花序由多数轮伞花序组成，苞叶大，向上渐小，白黄、白或绿紫色，卵形或阔卵形；花冠白、白绿或白黄色，具紫色斑纹，狭漏斗状，外面被疏长柔毛。小坚果倒卵状或倒卵长圆状三棱形，背部具网状皱纹，腹部中间微微隆起，果脐大，几达腹面之半。花期 7～9 月，果期 8～10 月。

毛建草 *Dracocephalum rupestre*

🌿 唇形科 Lamiaceae　　🌿 青兰属 *Dracocephalum*

多年生草本。茎不分枝，长 15～40 厘米。叶片三角状卵形，先端钝，茎中部叶具明显的叶柄。轮伞花序密集，通常成头状，花具短梗，苞片大者倒卵形，花萼常带紫色，被短柔毛及睫毛，花冠紫蓝色，外面被短毛，花丝疏被柔毛，顶端具尖突起。花果期 7～9 月。

密花香薷 *Elsholtzia densa*

唇形科 Lamiaceae 香薷属 *Elsholtzia*

多年生草本，高 20～60 厘米。密生须根。茎直立，自基部多分枝，分枝细长，茎及枝均四棱形。叶长圆状披针形至椭圆形。穗状花序长圆形或近圆形，密被紫色串珠状长柔毛，由密集的轮伞花序组成。小坚果卵珠形，暗褐色，被极细微柔毛，顶端具小疣状突起。花果期 7～10 月。

香薷 *Elsholtzia ciliata*

唇形科 Lamiaceae   香薷属 *Elsholtzia*

多年生直立草本，高 30~50 厘米。密生须根。茎通常自中部以上分枝，钝四棱形，具槽，无毛或被疏柔毛。叶卵形或椭圆状披针形。穗状花序偏向一侧，由多花的轮伞花序组成。小坚果长圆形，棕黄色，光滑。花期 7~10 月，果期 10 月至翌年 1 月。

野芝麻 *Lamium barbatum*

🌿 唇形科 Lamiaceae　　🌱 野芝麻属 *Lamium*

多年生草本。茎单生，直立，高 100 厘米，四棱形，具浅槽，中空。茎下部的叶卵圆形或心脏形，茎上部的叶渐变短。花冠白或浅黄色，稍上方呈囊状膨大。小坚果倒卵圆形，淡褐色。花期 4~6 月，果期 7~8 月。

益母草 *Leonurus artemisia*

　　一年生或二年生草本。茎直立，高30～120厘米，钝四棱形，微具槽。叶型变化很大，茎下部叶为卵形，基部宽楔形，掌状3裂，裂片呈长圆状菱形至卵圆形。轮伞花序腋生，花萼管状钟形，花冠粉红至淡紫红色，伸出萼筒部分被柔毛。小坚果长圆状三棱形，顶端截平而略宽大，基部楔形，淡褐色，光滑。花期6～9月，果期9～10月。

糙苏 *Phlomoides umbrosa*

唇形科 Lamiaceae　　糙苏属 *Phlomoides*

多年生草本。根粗厚，须根肉质。茎多分枝，茎高50～150厘米，多分枝，四棱形，具浅槽，常带紫红色。叶近圆形、圆卵形至卵状长圆形。轮伞花序通常4～8花，花冠通常粉红色，下唇较深色，常具红色斑点；苞叶通常为卵形，边缘具粗锯齿。小坚果无毛。花期6～8月，果期9月。

大花糙苏 *Phlomoides megalantha*

唇形科 Lamiaceae　　糙苏属 *Phlomoides*

　　多年生草本，高 15～45 厘米。茎生叶圆卵形或卵形至卵状长圆形，先端急尖或钝，稀渐尖，基部心形。轮伞花序多花；苞叶卵形至卵状披针形，沿脉上被具节疏柔毛，具皱纹。苞片线状钻形，花萼管状钟形，外面沿脉上被具节疏柔毛，齿先端微凹；花冠淡黄、蜡黄色。小坚果无毛。花期 6～7 月，果期 8～11 月。

荫生鼠尾草 *Salvia umbratica*

唇形科 Lamiaceae   鼠尾草属 *Salvia*

一年生或二年生草本。根粗大，锥形，木质，褐色。茎直立，茎高 30～60 厘米，钝四棱形，被长柔毛，间有腺毛。叶片三角形或卵圆状三角形；叶柄被疏或密的长柔毛。轮伞花序 2 花，疏离，组成顶生及腋生总状花序；花萼钟形，花冠蓝紫或紫色，外面略被短柔毛。小坚果椭圆形。花果期 8～10 月。

并头黄芩

Scutellaria scordifolia

唇形科 Lamiaceae　　黄芩属 *Scutellaria*

多年生草本，高达35厘米。根茎斜行或近直伸，节上生须根。茎直立，四棱形。叶具很短的柄或近无柄，叶片三角状狭卵形，或披针形，上面绿色，无毛，下面较淡，沿中脉及侧脉疏被小柔毛。花单生于茎上部的叶腋内，偏向一侧；花冠蓝紫色，外面被短柔毛，内面无毛。小坚果黑色，椭圆形。花期6～8月，果期8～9月。

鼬瓣花 *Galeopsis bifida*

唇形科 Lamiaceae　　鼬瓣花属 *Galeopsis*

　　一年生草本。茎直立，高 20～60 厘米，粗壮，钝四棱形。茎叶卵圆状披针形或披针形，先端锐尖或渐尖。轮伞花序腋生，多花密集，花冠白、黄或粉紫红色，冠筒漏斗状，外被刚毛。小坚果倒卵状三棱形，褐色。花期 7～9 月，果期 9 月。

康藏荆芥 *Nepeta prattii*

🌿 唇形科 Lamiaceae　　🌿 荆芥属 *Nepeta*

　　多年生草本。茎高 70~90 厘米，四棱形，具细条纹，不分枝或上部具少数分枝。叶卵状披针形，先端急尖，基部浅心形，边缘具密的牙齿状锯齿。轮伞花序，苞叶与茎叶同形；花萼疏被短柔毛及白色小腺点；花冠紫色或蓝色，外疏被短柔毛，冠筒微弯，边缘锯齿状，基部内面具白色髯毛，侧裂片半圆形。小坚果倒卵状长圆形，腹面具棱，基部渐狭，褐色，光滑。花期 7~10 月，果期 8~11 月。

花葱 *Polemonium caeruleum*

花葱科 Polemoniaceae   花葱属 *Polemonium*

多年生草本。根匍匐，圆柱状。茎直立，高可达 100 厘米。羽状复叶互生，小叶互生，叶片长卵形至披针形，顶端锐尖或渐尖，基部近圆形，全缘，无小叶柄。聚伞圆锥花序顶生或上部叶腋生，疏生多花；花梗连同总梗密生短的或疏长腺毛；花萼钟状，裂片长卵形与萼筒近等长；花冠紫蓝色，钟状，花丝基部簇生黄白色柔毛。蒴果卵形，种子褐色，纺锤形。花期 7~8 月，果期 9~10 月。

小米草 *Euphrasia pectinata*

玄参科 Scrophulariaceae　　小米草属 *Euphrasia*

　　一年生草本。茎直立，高 10~30 厘米，不分枝或下部分枝，被白色柔毛。叶与苞叶无柄，卵形至卵圆形。花序初花期短而花密集，逐渐伸长至果期疏离，花萼管状。蒴果长矩圆状，种子白色。花期 6~9 月，果期 9~10 月。

藓生马先蒿 *Pedicularis muscicola*

玄参科 Scrophulariaceae　　马先蒿属 *Pedicularis*

　　多年生草本。根茎粗，有分枝，顶端有宿存鳞片。茎丛生，中间直立，外层多弯曲上升或倾卧，常成密丛。叶有柄，有疏长毛；叶片椭圆形至披针形。花丝两对均无毛，花柱稍稍伸出于喙端。蒴果稍扁平，偏卵形，为宿萼所包。花期 5~7 月，果期 8 月。

穗花马先蒿 *Pedicularis spicata*

玄参科 Scrophulariaceae　　马先蒿属 *Pedicularis*

　　一年生草本。根圆锥形，常有分枝，强烈木质化。茎有时单一而植株稀疏。叶型多变，长圆状披针形至线状狭披针形，缘边羽状浅裂至深裂。穗状花序生于茎枝顶端，花冠红紫色，倒卵形，柱头稍伸出。蒴果狭卵形，端有刺尖。种子脐点明显凹陷，切面略作三棱形，背面宽而圆，两个腹面狭而多少凹陷。花期 7~9 月，果期 8~10 月。

红纹马先蒿 *Pedicularis striata*

玄参科 Scrophulariaceae   马先蒿属 *Pedicularis*

    多年生草本，高达100厘米，直立。根粗壮，有分枝。茎单出，或在下部分枝，老时木质化。叶互生，基生者成丛，至花序中变为苞片，叶片均为披针形，羽状深裂至全裂，中肋两旁常有翅，裂片平展，线形，边缘有浅锯齿，茎生叶叶柄较短。花序穗状，稠密，轴被密毛；苞片三角形或披针形，萼钟形，薄革质，被疏毛；花冠黄色，具绛红色的脉纹，花丝有一对被毛。蒴果卵圆形，两室相等，稍稍扁平，有短凸尖。种子极小，近扁平，长圆形或卵圆形，黑色。花期7~9月，果期9~11月。

山西玄参 *Scrophularia modesta*

玄参科 Scrophulariaceae　　玄参属 *Scrophularia*

　　多年生草本，高达 60 厘米。茎四棱形，棱上微突，被密短腺毛。叶片卵形、卵状矩圆形至矩圆状披针形，基部圆形，边缘有多变的齿，齿圆钝，两面有短毛。花序顶生或侧枝之聚伞圆锥花序，聚伞花序稍疏稀，花冠绿色至黄绿色。蒴果卵形。花期 5~7 月，果期 7~9 月。

水苦荬 *Veronica undulata*

车前科 Plantaginaceae　　婆婆纳属 *Veronica*

多年生草本。根茎斜走，茎直立，高20~90厘米。叶长圆状披针形或长圆状卵圆形，全缘或有疏而小的锯齿。花序比叶长，多花，花梗与苞片近等长，花冠淡紫色或白色，具淡紫色的线条。蒴果，果实内藏多数细小的种子，长圆形，扁平，无毛。花期4~7月，果期8~9月。

车前 *Plantago asiatica*

　　二年生或多年生草本。须根多数。叶基生呈莲座状，平卧、斜展或直立；叶片薄纸质或纸质，宽卵形至宽椭圆形。穗状花序细圆柱状，花葶有毛，花冠为管卵形，白色，无毛，冠筒与萼片约等长，花为淡绿色。蒴果纺锤状卵形。种子卵状椭圆形或椭圆形，黑褐色至黑色。花期4~8月，果期6~9月。

北方拉拉藤 *Galium boreale*

茜草科 Rubiaceae　　拉拉藤属 *Galium*

多年生直立草本，高 20～65 厘米。茎有 4 棱，无毛或有极短的毛。叶纸质或薄革质，4 片轮生，狭披针形或线状披针形，顶端钝或稍尖，基部楔形或近圆形，边缘常稍反卷；基出脉 3 条，无柄或具极短的柄。聚伞花序顶生，生于上部叶腋，常在枝顶结成圆锥花序，密花，花小；花萼被毛，花冠白色或淡黄色，花冠裂片卵状披针形。果小，密被白色稍弯的糙硬毛。花期 5～8 月，果期 6～10 月。

蓬子菜 *Galium verum*

茜草科 Rubiaceae　　拉拉藤属 *Galium*

　　多年生近直立草本，基部稍木质，高25～45厘米。茎有4棱，被短柔毛。叶纸质，6～10片轮生，线形，顶端短尖，边缘极反卷，常卷成管状，无柄。聚伞花序顶生和腋生，较大，多花，通常在枝顶结成带叶的圆锥花序状；总花梗密被短柔毛，萼管无毛，花冠黄色，辐状，无毛，花冠裂片卵形或长圆形，顶端稍钝。果小，近球状，无毛。花期4～8月，果期5～10月。

缬草 *Valeriana officinalis*

🌿 忍冬科 Caprifoliaceae　　🌱 缬草属 *Valeriana*

多年生草本，高 100～150 厘米。根状茎粗短呈头状，须根簇生。茎中空，有纵棱，被粗毛。匍枝叶、基出叶和基部叶在花期常凋萎；茎生叶卵形至宽卵形，羽状深裂，全缘或有疏锯齿。花序顶生，成伞房状三出聚伞圆锥花序，花冠淡紫红色或白色，花冠裂片椭圆形。瘦果长卵形，基部近平截，光秃或两面被毛。花期 5～7 月，果期 8～10 月。

异叶败酱 *Patrinia heterophylla*

败酱科 Valerianaceae　败酱属 *Patrinia*

多年生草本，高 60～100 厘米。根细圆柱形，有分枝，表面黄褐色。基生叶丛生，叶片卵形或 3 裂，有长柄；茎生叶多变，由 3 全裂至羽状全裂。花黄色，组成顶生伞房状聚伞花序。瘦果长圆形或倒卵形，顶端平截。花期 7～9 月，果期 8～10 月。

日本续断 *Dipsacus japonicus*

川续断科 Dipsacaceae　　川续断属 *Dipsacus*

多年生草本，高可达 100 厘米。主根长圆锥状，黄褐色。茎中空，向上分枝，棱上具钩刺。叶柄和叶背脉上均具疏钩刺和刺毛。头状花序顶生，圆球形，花小，紫红色。瘦果长圆楔形，稍外露。花期 8～9 月，果期 9～11 月。

窄叶蓝盆花 *Scabiosa comosa*

多年生草本，高可达80厘米。根外皮粗糙，棕褐色，里面白色，茎直立。基生叶成丛，叶片轮廓窄椭圆形，羽状全裂；茎生叶对生。花萼细长针状，棕黄色，花时常枯萎，花冠蓝紫色，花丝细长，瘦果长圆形，顶端冠以宿存的萼刺。花期7~8月，果期9月。

泡沙参 *Adenophora potaninii*

桔梗科 Campanulaceae　　沙参属 *Adenophora*

多年生草本。根胡萝卜状。茎高可达100厘米，不分枝。茎生叶无柄或有短柄。圆锥花序或假总状花序，基部分枝，花梗短，花萼无毛，花冠钟状，紫色、蓝色或蓝紫色，少为白色，花柱与花冠近等长。蒴果球状椭圆形或椭圆状，种子棕黄色，长椭圆状。花期7~10月，果期10~11月。

细叶沙参

Adenophora capillaris subsp. *paniculata*

桔梗科 Campanulaceae   沙参属 *Adenophora*

多年生草本植物。茎高大，达 150 厘米。叶互生，细长，基生叶较密，近似丛生，倒披针形或线状披针形，先端尖，叶缘微波，疏生钝齿，基部稍窄，无柄；叶面绿色，背面淡绿色。花序常为圆锥花序，花梗粗壮，花萼无毛，筒部球状，花冠细小，近于筒状，浅蓝色、淡紫色或白色。蒴果卵状至卵状矩圆形，种子椭圆状，棕黄色。花期 6~9 月，果期 8~10 月。

高山蓍 *Achillea alpina*

菊科 Compositae 蓍属 *Achillea*

多年生草本。具短根状茎，茎直立，高 30～80 厘米，被疏或密的伏柔毛。叶无柄，条状披针形。头状花序多数，集成伞房状；总苞宽矩圆形或近球形；边缘舌状花 6～8 朵，舌片白色，宽椭圆形；管状花白色，冠檐 5 裂，管部压扁。瘦果宽倒披针形，有淡色边肋。花果期 7～9 月。

香青 *Anaphalis sinica*

菊科 Compositae　　香青属 *Anaphalis*

多年生草本植物。茎被白或灰白色绵毛。叶较密，莲座状叶被密绵毛；茎中部叶长圆形、倒披针长圆形或线形，基部下延成翅；上部叶披针状线形或线形；叶上面被蛛丝状绵毛，下面或两面被白或黄白色厚绵毛，常兼有腺毛。头状花序密集成复伞房状或多次复伞房状；总苞钟状或近倒圆锥状，外层卵圆形，白或浅红色，被蛛丝状毛，内层舌状长圆形，乳白色。瘦果，被小腺点。花期6~9月，果期8~10月。

牛蒡 *Arctium lappa*

菊科 Compositae　　牛蒡属 *Arctium*

二年生草本。茎直立，高达 2 米，粗壮。叶片为宽卵形，边缘具稀疏的浅波状凹齿或齿尖。头状花序多数或少数在茎枝顶端排成疏松的伞房花序或圆锥状伞房花序，花序梗粗壮，总苞卵形或卵球形，花为紫红色。瘦果倒长卵形或偏斜倒长卵形，两侧扁，浅褐色，有多数细脉纹。花果期 6~9 月。

艾 *Artemisia argyi*

 菊科 Compositae　　 蒿属 *Artemisia*

多年生草本，植株有浓烈香气。茎单生或少数，高80～150厘米，有明显纵棱，褐色或灰黄褐色。叶厚纸质，上面被灰白色短柔毛，并有白色腺点与小凹点，背面密被灰白色蛛丝状密茸毛。头状花序椭圆形，无梗或近无梗。瘦果长卵形或长圆形。花果期9～10月。

三脉紫菀 *Aster ageratoides*

菊科 Compositae　　紫菀属 *Aster*

多年生草本。茎高达 1 米。离基三出脉，侧脉 3～4 对，网脉常显明叶纸质，上面被糙毛，下面被柔毛常有腺点，或两面被茸毛，下面沿脉有粗毛。头状花序，排成伞房或圆锥伞房状，舌片线状长圆形，紫、浅红或白色，管状花黄色。瘦果倒卵状长圆形。花果期 7～10 月。

紫菀 *Aster tataricus*

多年生草本。茎直立，高40~50厘米。基部叶在花期枯落，长圆状或椭圆状匙形；下部叶匙状长圆形；中部叶长圆形或长圆披针形。头状花序多数，在茎和枝端排列成复伞房状，总苞片线形或线状披针形，花柱附片披针形，舌片蓝紫色。瘦果倒卵状长圆形，紫褐色。花期7~9月，果期8~10月。

阿尔泰狗娃花 *Aster altaicus*

🌱 菊科 Compositae　　🌿 紫菀属 *Aster*

　　多年生草本，高可达40厘米。茎基部多分枝，被弯曲或开张的毛，上部有腺体。叶线形、长圆形或倒披针形，先端钝或急尖，两面有毛和腺点。头状花序多数，单生枝顶或呈伞房状；总苞半球形，苞片长圆状披针形或线形；舌状花舌片蓝色，线状长圆形；管状花黄色，全部小花有同形冠毛，冠毛红褐色，糙毛状。瘦果被毛倒卵状长圆形。花果期5～9月。

魁蓟 *Cirsium leo*

菊科 Compositae 蓟属 *Cirsium*

　　多年生草本，高达 1 米。茎枝被长毛，基部和下部茎生叶长椭圆形或倒披针状长椭圆形，羽状深裂。头状花序排成伞房花序，总苞钟状，小花紫色或红色。瘦果灰黑色，偏斜椭圆形，冠毛污白色。花果期 5~9 月。

小红菊 *Dendranthema chanetii*

菊科 Compositae　　菊属 *Dendranthema*

多年生草本，高 15～60 厘米。有地下匍匐根状茎，茎直立或基部弯曲，自基部或中部分枝。茎生叶肾形、半圆形或宽卵形，通常 3～5 掌状或掌式羽状浅裂，裂片边缘钝齿或芒状尖齿。头状花序，少数至多数在茎枝顶端排成疏松伞房花序，总苞碟形，舌状花白色、粉红色或紫色。瘦果顶端斜截，下部收窄。花果期 7～10 月。

甘野菊 *Dendranthema lavandulifolium*

菊科 Compositae　　菊属 *Dendranthema*

多年生草本，高35～100厘米。叶大而质薄，羽状深裂，基部微心形或偏楔形，侧裂片2对，近等大，长圆形，边缘具粗大牙齿，表面疏被伏毛。头状花序单生茎顶，总苞浅碟状，多数，于枝端密集成复伞房花序；边花雌性，舌状，黄色。瘦果倒卵形或长圆状倒卵形，先端截形或斜截形，无冠毛。花期8～9月，果期10月。

委陵菊
Dendranthema potentilloides

菊科 Compositae   菊属 *Dendranthema*

多年生草本，高 30～70 厘米。有地下匍匐茎，茎直立或基部弯曲，粗壮，而且有粗壮分枝。茎枝灰白色，被稠密厚实的贴伏的短柔毛。茎叶宽卵形、卵形或宽三角状卵形，二回羽状分裂。头状花序，舌状花黄色，顶端微齿裂。花果期 8～10 月。

紫花野菊 *Dendranthema zawadskii*

菊科 Compositae　　菊属 Dendranthema

多年生草本，高 30～70 厘米。茎直立，分枝斜升，开展。茎枝中下部紫红色，有稀疏短柔毛。茎生叶卵形、宽卵形、宽卵状三角形或几菱形，茎上部叶小，长椭圆形，羽状深裂。头状花序，在茎枝顶端排成疏松伞房花序，总苞浅碟状，舌状花白色或紫红色，顶端全缘或微凹。花果期 7～9 月。

一年蓬 *Erigeron annuus*

菊科 Compositae 飞蓬属 *Erigeron*

　　一年生或二年生草本，高 30～100 厘米。茎粗壮，直立，上部有分枝，绿色，下部被开展的长硬毛，上部被较密的上弯的短硬毛。基生叶花期枯萎，长圆形或宽卵形；茎生叶互生，长圆状披针形或披针形。头状花序排成疏圆锥状或伞房状，总苞半球形，舌片平展，白色，或有时淡天蓝色。瘦果长圆形，边缘翅状。花果期 6～9 月。

大丁草 *Gerbera anandria*

菊科 Compositae　　大丁草属 *Gerbera*

多年生草本。根簇生，粗而略带肉质。叶基生，莲座状，于花期全部发育，叶片形状多变异，通常为倒披针形或倒卵状长圆形。头状花序单生于花葶顶端，倒锥形，两性花花冠管状二唇形。瘦果纺锤形，具纵棱，冠毛粗糙，污白色。花期春、秋两季。

薄雪火绒草 *Leontopodium japonicum*

菊科 Compositae　　火绒草属 *Leontopodium*

　　多年生草本。茎直立，高 10～50 厘米，根状茎分枝稍长，有数个簇生的花茎和幼茎。叶狭披针形，或下部叶倒卵圆状披针形。头状花序，多数，较疏散；总苞钟形或半球形，被白色或灰白色密茸毛，总苞片 3 层，顶端钝；冠毛白色，基部稍浅红色。瘦果常有乳头状突起或短粗毛。花期 6～9 月，果期 9～10 月。

火绒草 *Leontopodium leontopodioides*

　　多年生草本。茎直立，高 5～45 厘米。叶直立，在花后有时开展，线形或线状披针形，顶端尖或稍尖，无鞘，无柄。头状花序大，在雌株常有较长的花序梗而排列成伞房状；总苞半球形，被白色绵毛，总苞片约 4 层，无色或褐色；冠毛白色。瘦果有乳头状突起或密粗毛。花果期 7～10 月。

齿叶橐吾 *Ligularia dentata*

菊科 Compositae　　橐吾属 *Ligularia*

　　多年生草本。根肉质，粗壮。茎直立，高30～120厘米，上部有分枝。丛生叶与茎下部叶具柄，柄粗状，无翅，被白色蛛丝状柔毛，有细棱，基部膨大成鞘。伞房状或复伞房状花序开展，分枝叉开；舌状花黄色，舌片狭长圆形；管状花多数，冠毛红褐色，与花冠等长。瘦果圆柱形，有肋，光滑。花果期7～10月。

橐吾 *Ligularia sibirica*

菊科 Compositae　　橐吾属 *Ligularia*

多年生草本。根肉质，细而多。茎直立，高50～110厘米。丛生叶和茎下部叶具柄，光滑，基部鞘状，叶片卵状心形或宽心形，叶脉掌状。总状花序常密集，苞片卵形或卵状披针形；舌状花黄色，舌片倒披针形或长圆形。瘦果长圆形，光滑。花果期7～10月。

狭翼风毛菊 *Saussurea frondosa*

菊科 Compositae　　风毛菊属 *Saussurea*

多年生草本，高达 60 厘米。根状茎细长，横走。茎直立，有狭翼，被稠密的柔毛，上部或顶端伞房花序状分枝。基生叶花期凋落，下部及中部茎生叶卵形或椭圆形，不裂，顶端急尖或渐尖。头状花序小，多数，在茎枝顶端排列成伞房花序；总苞卵状长圆形，总苞片 5 层，外面被稀疏蛛丝毛，外层卵形；小花紫红色。瘦果圆柱状，褐色，无毛。花果期 7～9 月。

紫苞风毛菊 *Saussurea purpurascens*

　　多年生草本，高 20～50 厘米。根状茎平展，茎直立，带紫色，被白色长柔毛。叶条状披针形或宽披针形，边缘具锐细齿，最上部叶片苞叶状，椭圆形，膜质，紫色，全缘。头状花序于茎顶密集成伞房状，总苞片 4 层，边缘或全部暗紫色，被白色长柔毛；管状花冠紫色。瘦果圆柱形，褐色，无横皱纹。花果期 7～9 月。

银背风毛菊 *Saussurea nivea*

菊科 Compositae　　风毛菊属 *Saussurea*

多年生草本，高 30～120 厘米。根状茎斜升，颈部被褐色叶柄残迹。茎直立，被稀疏蛛丝毛或后脱毛，上部有伞房状分枝。基生叶花期脱落；下部与中部茎叶有长柄，叶片披针状三角形或戟形，边缘有锯齿，叶两面异色，上面绿色，无毛，下面银灰色，被稠密的绵毛。头状花序在茎枝顶端排列成伞房花序，小花紫色，细管部与檐部几等长。瘦果圆柱状，褐色，无毛。花果期 7～9 月。

林荫千里光 *Senecio nemorensis*

　　多年生草本。根状茎短粗，具多数被茸毛的纤维状根。茎单生或有时数个，直立，高达 1 米。茎生叶多数，近无柄，披针形或长圆状披针形，顶端渐尖或长渐尖，基部楔状渐狭或多少半抱茎，边缘具密锯齿，纸质。头状花序具舌状花，多数，花冠黄色，檐部漏斗状，裂片卵状三角形。瘦果圆柱形，无毛。花果期 6～12 月。

山柳菊 *Hieracium umbellatum*

菊科 Compositae 　　 山柳菊属 *Hieracium*

　　多年生草本，高 30～100 厘米。根圆柱状，黑褐色，粗壮。茎直立，单生或少数簇生。叶倒卵状披针形、倒披针形或长圆状披针形。头状花序少数或多数，在茎枝顶端排成伞房花序或伞房圆锥花序，舌状小花黄色。瘦果黑紫色，圆柱形，向基部收窄，顶端截形。花果期 7～9 月。

蒲公英 *Taraxacum mongolicum*

　　多年生草本。叶倒卵状披针形、倒披针形或长圆状披针形，叶柄及主脉常带红紫色。花葶 1 至数个，与叶等长或稍长，高 10~25 厘米；头状花序，总苞钟状淡绿色；花黄色，花的基部淡绿色，上部紫红色，内层为线状披针形。瘦果为暗褐色，倒卵状披针形，冠毛为白色。花期 4~9 月，果期 5~10 月。

硬质早熟禾 *Poa sphondylodes*

禾本科 Gramineae　早熟禾属 *Poa*

多年生，密丛型草本。秆具3~4节，顶节位于中部以下，上部常裸露，紧接花序以下和节下均多少糙涩。叶鞘基部带淡紫色。小穗绿色，熟后草黄色。颖果腹面有凹槽。花果期6~8月。

鹅观草 *Roegneria kamoji*

　　多年生草本。秆直立或基部倾斜。叶鞘外侧边缘常具纤毛。穗状花序弯曲或下垂，小穗绿色或带紫色，含小花；颖卵状披针形至长圆状披针形，先端锐尖至具短芒，边缘为宽膜质。花果期6~8月。

紫羊茅 *Festuca rubra*

禾本科 Gramineae　　羊茅属 *Festuca*

多年生草本，疏丛或密丛生。秆直立，平滑无毛，高30～60厘米，具2节。叶鞘粗糙，叶片对折或边缘内卷，稀扁平，两面平滑或上面被短毛。圆锥花序狭窄，疏松，花期开展；小穗淡绿色或深紫色，被短毛；颖片背部平滑或微粗糙，第一颖窄披针形，第二颖宽披针形，具3脉；外稃背部平滑或粗糙或被毛，内稃近等长于外稃，两脊上部粗糙。花果期6～9月。

玉竹 *Polygonatum odoratum*

🌿 天门冬科 Asparagaceae　🌱 黄精属 *Polygonatum*

多年生草本。茎圆柱形，高20～50厘米。叶互生，椭圆形或卵状矩圆形，先端尖，下面带灰白色，下面脉上平滑至呈乳头状粗糙。花被黄绿色或白色，花被筒较直，花丝丝状，近平滑或具乳头状突起。浆果成熟时为蓝黑色。花期为5～6月，果期为7～9月。

大披针薹草 *Carex lanceolata*

🌿 莎草科 Cyperaceae　　🌱 薹草属 *Carex*

多年生草本。秆密丛生，高 10～35 厘米。叶初时短于秆，后渐延伸，与秆近等长或超出，平张，基部具紫褐色分裂呈纤维状的宿存叶鞘。苞片佛焰苞状，苞鞘背部淡褐色，腹面及鞘口边缘白色膜质。小穗长圆形或长圆状圆柱形，小穗轴微呈"之"字形曲折。果囊明显短于鳞片，倒卵状长圆形，纸质，淡绿色，密被短柔毛。小坚果倒卵状椭圆形，三棱形，基部具短柄。花果期 7～9 月。

天蓝韭 *Allium cyaneum*

🌿 百合科 Liliaceae 　　🌿 葱属 *Allium*

多年生草本。鳞茎数枚聚生，圆柱状，细长；鳞茎外皮暗褐色。叶半圆柱状，上面具沟槽。花葶圆柱状，常在下部被叶鞘；花天蓝色，花被片卵形或矩圆状卵形。花果期 8～10 月。

蒙古韭 *Allium mongolicum*

百合科 Liliaceae　　葱属 *Allium*

多年生草本。鳞茎密集地丛生，圆柱状；鳞茎外皮褐黄色，破裂成纤维状，呈松散的纤维状。叶半圆柱状至圆柱状，比花葶短。花淡红色、淡紫色至紫红色；花被片卵状矩圆形。花果期7~9月。

茖葱 *Allium victorialis* subsp. *platyphyllum*

百合科 Liliaceae   葱属 Allium

多年生草本。鳞茎外皮灰褐色至黑褐色，破裂成纤维状，呈明显的网状。叶倒披针状椭圆形至椭圆形，基部楔形，沿叶柄稍下延，先端渐尖或短尖。花葶圆柱状；外轮的狭而短，宿存。花果期 6~8 月。

北萱草 *Hemerocallis esculenta*

🌿 百合科 Liliaceae   🌱 萱草属 *Hemerocallis*

多年生草本。根稍肉质，中下部常有纺锤状膨大。叶长40~80厘米，宽6~18毫米。总状花序缩短，具2~6朵花；花梗短；苞片卵状披针形，先端长渐尖或近尾状，只能包住花被管的基部；花被橘黄色。蒴果椭圆形。花果期5~8月。

山丹 *Lilium pumilum*

多年生草本。鳞茎卵形或圆锥形，鳞片长圆形或长卵形，白色。叶散生茎中部，线形，边缘乳头状突起。花单生或数朵成总状花序，花鲜红色，常无斑点，花被片反卷，蜜腺两侧有乳头状突起。蒴果长圆形。花期 7~8 月，果期 9~10 月。

藜芦
Veratrum nigrum

🌿 百合科 Liliaceae   🌱 藜芦属 *Veratrum*

多年生草本。植株高且粗壮，基部的鞘枯死后残留物为黑色纤维网。叶椭圆形、宽卵状椭圆形或卵状披针形。圆锥花序密生黑紫色花；侧生总状花序近直立伸展，通常具雄花；顶生总状花序常较长，几乎全部着生两性花；小苞片披针形。蒴果直立。花果期 7 ～ 9 月。

细叶鸢尾 *Iris tenuifolia*

鸢尾科 Iridaceae　　鸢尾属 *Iris*

　　多年生密丛草本。植株基部存留有红褐色或黄棕色折断的老叶叶鞘。根状茎块状，短而硬，木质，黑褐色；根坚硬，细长，分枝少。叶质地坚韧，丝状或狭条形。花茎长度随埋土深度而变化，通常甚短，不伸出地面。苞片4枚，披针形，花蓝紫色，外花被裂片匙形，爪部较长，内花被裂片倒披针形，直立。蒴果倒卵形，顶端有短喙，成熟时沿室背自上而下开裂。花期4~5月，果期8~9月。

凹舌兰 *Coeloglossum viride*

兰科 Orchidaceae　凹舌兰属 *Coeloglossum*

　　地生草本。叶椭圆形、宽卵状椭圆形或卵状披针形，薄革质，基部无柄，生于茎上部的具短柄，两面无毛。圆锥花序密生黑紫色花；花被片开展或在两性花中略反折，矩圆形。花果期7～9月。

紫点杓兰 *Cypripedium guttatum*

兰科 Orchidaceae   杓兰属 *Cypripedium*

多年生草本。茎直立，被短柔毛和腺毛，基部具数枚鞘，顶端具叶。叶片椭圆形、卵形或卵状披针形。花白色，具淡紫红色或淡褐红色斑；中萼片卵状椭圆形或宽卵状椭圆形。花期5~7月，果期8~9月。

大花杓兰 *Cypripedium macranthum*

兰科 Orchidaceae　　杓兰属 *Cypripedium*

　　多年生草本。根状茎粗短。茎直立，稍被短柔毛或变无毛，基部具数枚鞘，鞘上方具叶。花大，紫色、红色或粉红色，通常有暗色脉纹，极罕白色。花期6~7月，果期8~9月。

角盘兰 *Herminium monorchis*

兰科 Orchidaceae　　角盘兰属 *Herminium*

多年生草本，高6~35厘米。块茎球形，肉质。茎直立，无毛。叶片狭椭圆状披针形或狭椭圆形，直立伸展，先端急尖，基部渐狭并略抱茎。总状花序具多数花，圆柱状，花小，黄绿色，花瓣近菱形，花粉团近圆球形，具极短的花粉团柄和黏盘，黏盘较大，卷成角状。花期6~8月。

手参 *Gymnadenia conopsea*

兰科 Orchidaceae　　手参属 *Gymnadenia*

　　多年生草本，高 20~60 厘米。块茎椭圆形，肉质，下部掌状分裂，裂片细长。茎直立，圆柱形，基部具 2~3 枚筒状鞘。叶片线状披针形、狭长圆形或带形，先端渐尖或稍钝，基部收狭成抱茎的鞘。总状花序具多数密生的花，圆柱形；花苞片披针形，直立伸展，先端长渐尖成尾状，长于或等长于花；花粉团卵球形，具细长的柄和黏盘，黏盘线状披针形。花期 6~8 月。